PREGUNTÓMETRO

ciencia

LAROUSSE

Dirección editorial: Jordi Induráin Pons
Edición: Emili López Tossas
Redacción: Antoni Romeu i Alemany
Ilustración: Jorge del Corral Escriche, Bruno Martínez Tabares y Octavi Torné Bacaria (Octavius).
Corrección: Àngels Olivera Cabezón
Diseño y maquetación: Isaac Gimeno

Bac de Roda, 64, 1.ª planta, local B, 08019 Barcelona
www.larousse.es
clientes@grupoanaya.com

PAPEL DE FIBRA CERTIFICADA

Primera edición: mayo 2024
ISBN: 978-84-10124-30-1
Depósito legal: B-4949-2024
1E1I

01

¿Qué estudia la ***física***?

A Las propiedades de los ***objetos*** y las relaciones que hay entre ellos.

B La ***geografía*** de los mares, los ríos y las montañas.

C Los diferentes aparatos que hay en un ***gimnasio.***

02

Y la ***química,*** entonces, ¿qué estudia? ¿Los elementos de la naturaleza?

01 Respuesta correcta: ***A.***
La física es la ciencia que estudia las ***propiedades de los objetos*** y las ***relaciones que hay entre ellos,*** a partir de la velocidad, el tiempo, la fuerza o la energía. Por ejemplo, cuando cae una manzana, lo hace por la gravedad, la fuerza con la que la Tierra atrae a la manzana.

02 Sí, la química estudia todos los ***elementos*** que hay en la Tierra. La química es la ciencia que analiza la ***composición de los elementos*** de la naturaleza. Estudia qué les pasa cuando se calientan, se enfrían, se mezclan con otros elementos o cambian de estado. Por ejemplo, cuando se derrite un cubito de hielo, el agua cambia de estado de sólido a líquido.

03

¿Qué es un ***átomo***?

A Una ***partícula*** muy pequeña.

B Una ***enciclopedia*** virtual.

C Una parte pequeña de una ***bomba.***

04

La sigla ***GPS*** significa Gran Premio de los Satélites. ¿Verdadero o falso?

03

Respuesta correcta: ***A.***
Un átomo es una ***partícula*** muy pequeña, con un núcleo en el centro, como si fuese el Sol, y a su alrededor giran los electrones, como si fuesen planetas. Varios átomos forman una ***molécula,*** que es la parte más pequeña de una sustancia que mantiene todas las propiedades de esta sustancia.

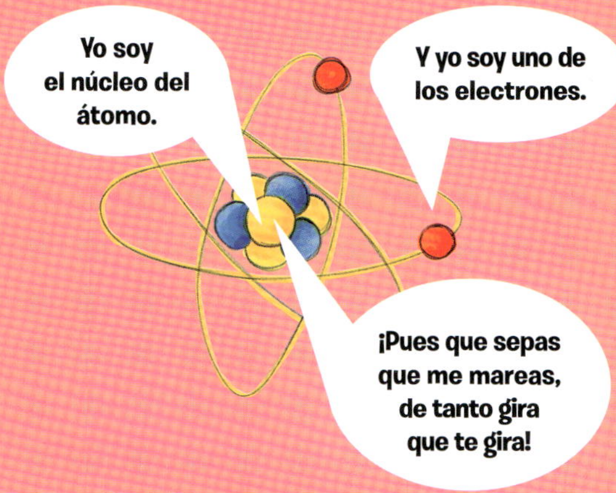

04

Es ***falso.***
GPS es una sigla inglesa que significa Global Positioning System (sistema de posicionamiento global), y consiste en un sistema de localización que funciona a partir de los datos que procesan los ***satélites artificiales*** que giran alrededor de la Tierra y nos envían información. Así puedes saber cómo llegar al lugar al que te diriges o cómo regresar a casa.

05

¿***Metales*** y ***minerales*** son lo mismo?

06

¿Los ***lápices*** se extraen de las minas?

05 No, el metal es un ***material*** que se extrae de algunos minerales. Los metales solo son una parte de todos los minerales, y se caracterizan por su ***dureza*** y su ***brillo.*** Son metales el hierro o el plomo, y son buenos conductores del calor y la electricidad.

06 Sí, la ***mina*** de los lápices es un mineral. El material negro del lápiz que sirve para escribir es un mineral: el grafito. Es una forma de carbono, la misma materia de la que están hechos... ¡los diamantes! Afortunadamente, es más barata. ¡Se empezaron a usar para marcar ovejas!

07 ¿Qué son las ***moléculas***?

A La ***parte más pequeña de una sustancia*** que mantiene todas las propiedades de esa sustancia.

B Una ***medida para cuantificar*** sustancias muy pequeñas.

C Unos ***órganos*** del aparato digestivo.

08 ¿Por qué se derrite la ***mantequilla***?

07 Respuesta correcta: ***A.***

Las moléculas son la parte más pequeña de una ***sustancia*** que mantiene todas las propiedades de esta sustancia. Otra forma de explicarlo es pensar en la pared de una casa: las moléculas son como los ladrillos que forman la pared entera.

08 Debido al ***calor.*** La mantequilla es una sustancia muy grasa, espesa y pegajosa, como el aceite. En la nevera, el frío la conserva en estado sólido. Pero cuando entra en contacto con el calor se vuelve líquida. Ocurre si la sacas de la nevera o, con más rapidez, si la pones en una sartén caliente o expuesta al sol. Como si fuera un helado...

09

¿Qué es el ***humo***?

A ***Gases*** y pequeñas partículas.

B El ***vapor*** de un líquido.

10

¿Cómo se llama la ***energía*** producida por el viento?

A Energía ***eólica.***

B Energía ***hidráulica.***

C Energía ***térmica.***

09

A y ***B*** son correctas.
El humo es el conjunto formado por ***gases y pequeñas partículas*** que sale de algo que se quema. También puede ser el ***vapor*** que sale de un líquido o de un cuerpo húmedo caliente. Por ejemplo, los alimentos recién sacados del fuego desprenden humo.

10

Respuesta correcta: ***A.***
La energía generada por los ***molinos de viento*** es la eólica. Seguro que has visto alguna vez unos molinos muy grandes con unas aspas movidas por el viento, que se transforma en electricidad, útil para las actividades humanas, y que se puede almacenar y distribuir.

11

¿El centro de gravedad de un objeto es su ***centro de simetría***?

12

¿Hay ***agua*** «blanda» y agua «dura»?

A ***No,*** toda el agua es igual.

B Sí, el agua dura son los ***cubitos*** o el ***pedrisco.***

C Sí, según los ***minerales*** que contengan.

11 Sí. El centro de gravedad es el ***centro de simetría*** de un objeto o de un cuerpo, y permite mantener el equilibrio de los objetos. En el cuerpo humano se encuentra en la pelvis, a la altura de la cadera. En un objeto con una masa interior uniforme, como una ***peonza*** o un balón, se sitúa en el centro, y por esto giran con facilidad.

12 Respuesta correcta: ***C.***
Se utilizan los nombres de agua dura o agua blanda según la cantidad de ***minerales disueltos*** que contenga el agua. El agua dura tiene más minerales que la blanda. El agua incorpora minerales cuando pasa por corrientes subterráneas o ríos.

13

¿Por qué vuelan los ***aviones***?

A Porque ***mueven las alas.***

B Porque son mucho ***más ligeros*** de lo que parece.

C Gracias al ***motor*** y a las ***alas.***

14

¿Es verdad que el ***hielo*** quema?

13 Respuesta correcta: ***C.***
El secreto del vuelo de los aviones está en que tienen un ***motor*** que los impulsa y en la forma de las ***alas,*** que los sostienen en el aire. A pesar de que la invención del avión se inspira en las aves, estas y los aviones no vuelan de manera parecida.

14 No. Es ***falso.***
Nuestro cerebro percibe igual la sensación de quemarse y la de tocar algo helado, pero en el caso del hielo, el agua de nuestras células se congela y se convierte en ***cristales,*** que pueden doler mucho.

15 ¿Por qué los aviones dejan ***líneas blancas*** en el cielo?

16

¿Para qué sirve una ***brújula***?

A Para saber hacia dónde se encuentra el ***norte.***

B Para saber dónde están los ***puntos cardinales.***

C Para saber hacia dónde van los ***navegantes.***

15 Porque, cuando vuelan, los aviones desprenden ***vapor de agua.*** Pero como a su altura hace tanto frío, el vapor de agua se convierte en gotitas de agua, como las nubes o el vaho, que forman las líneas blancas que vemos, y que tarde o temprano desaparecen.

16 Respuesta correcta: ***B.***
La brújula tiene una aguja imantada que señala siempre el norte, y a partir de ahí se puede saber hacia dónde se encuentra el resto de puntos cardinales (sur, este y oeste). El interior de la Tierra contiene mucho hierro, y por eso atrae la aguja de la brújula. Esta atracción se concentra en dos ***puntos magnéticos:*** el polo norte y el polo sur (en el hemisferio sur, la brújula señala el polo sur).

17

El ***espacio*** siempre está oscuro. ¿Verdadero o falso?

18

Un ***año luz*** es...

A Una ***medida*** de longitud.

B El ***consumo eléctrico*** de un edificio durante un año.

C Una ***expresión*** para decir que algo ocurrió hace mucho tiempo.

17

Sí, es ***verdadero.***
El espacio se ve siempre ***oscuro,*** aunque desde la Tierra, de día, vemos el cielo de color azul, debido al aire que rodea nuestro planeta. Pero desde el propio espacio, todo se ve negro, porque no hay aire. Y demos gracias a que están las estrellas.

18

Respuesta correcta: ***A.***
Un año luz es una medida de ***longitud.***
Es la distancia que recorre la luz en un año. Y como viaja tan rápido, es una distancia enorme: 9.460.730.472.580 kilómetros (más de 9 billones [con «b»] de km).

19 ¿Quién fue el primer ***astronauta***?

A El periodista y aventurero ***Tintín.***

B Un científico que se llamaba ***Aster Naut,*** de donde procede la palabra «astronauta».

C Un militar ruso llamado ***Yuri Gagarin.***

20 ¿Es verdad que también las ***mujeres*** han viajado al espacio?

19 Respuesta correcta: ***C.***
El primer astronauta fue el ruso ***Yuri Gagarin,*** el único tripulante del cohete Vostok 1, que llegó al espacio, dio una órbita alrededor de la Tierra y regresó sano y salvo. Era el 12 de abril de 1961.

20 Sí, también hay mujeres astronautas. El 16 de junio de 1963 viajó al espacio la primera mujer. Se llamaba ***Valentina Tereshkova*** y también era rusa. Viajó a bordo del cohete Vostok 6. Desde entonces, decenas y decenas de mujeres han viajado al espacio.

21

¿Cuánto dura el viaje a la **Luna**?

A Unas ***horas.***

B Unos cuantos ***días.***

C Unos ***meses.***

22

¿Qué dijo el primer astronauta que ***pisó la Luna***?

A ***Vine,*** vi y vencí.

B Espero que no haya ***marcianos...*** ¡tengo miedo!

C Un pequeño paso para el ***hombre,*** pero un gran paso para la ***humanidad.***

21

Respuesta correcta: ***B.***
El primer viaje tripulado a la Luna, en 1969, duró ***tres días,*** pero ahora, con un cohete más moderno, se tardaría algo menos. Aquel viaje, del Apolo 11, con tres astronautas, duró tres días de ida, un día en la Luna y tres días de regreso, en total siete días.

22

Respuesta correcta: ***C.***
Esta frase la dijo ***Neil Armstrong,*** astronauta de la misión estadounidense Apollo 11, que pisó la Luna el 20 de julio de 1969. De esta manera, quería decir que él, en ese momento, culminaba una hazaña de toda la humanidad.

23

¿Desde cuándo hay ***estaciones espaciales***?

A ***1871.***

B ***1971.***

24

¿Qué se hace en una ***Estación Espacial Internacional***?

A Es un lugar de ***vacaciones*** para astronautas.

B Es un centro de ***investigación*** científica.

C Es un almacén de ***basura espacial.***

23

Respuesta correcta: ***B.***
La primera fue la ***Salyut 1,*** construida por Rusia en 1971. Dos años después, los estadounidenses lanzaron la Skylab. Una estación más grande y que duró muchos años fue la Mir, rusa, y, en la actualidad, está en el espacio la mayor de todas, construida por diversos países conjuntamente, la Estación Espacial Internacional.

24

Respuesta correcta: ***B.***
La Estación es un gran ***laboratorio*** donde no hay gravedad. Por eso es ideal para hacer experimentos que no se pueden hacer en la Tierra. Por ejemplo, se estudia cómo afecta al ser humano estar en el espacio. Y una vez subieron arañas para ver cómo tejían una telaraña en ingravidez.

25

¿El planeta **Marte** se parece a la Tierra?

A Solo porque los dos planetas son ***redondos.***

B ¡Por supuesto! Si no estuvieran tan ***alejados*** costaría distinguirlos.

C Sí, de hecho, Marte se parece más a la Tierra que la ***Luna.***

26

No quieren que se sepa, pero los ***marcianos*** existen. ¿Verdadero o falso?

25

Respuesta correcta: ***C.***
Marte y la Tierra presentan varias ***semejanzas.*** El tamaño de Marte no llega a ser el de la Tierra, pero es mayor que la Luna. También tiene algo de atmósfera, bastante tenue, y el paisaje marciano se parece mucho a un desierto. Además, un día marciano dura prácticamente lo mismo que un día terrestre.

26

Es ***falso.***
Los marcianos ***no existen,*** y menos como los imaginamos a menudo, como hombrecitos verdes. Ahora bien, todavía no se ha descartado por completo que pueda haber vida en Marte, pero si existiese, sería microscópica.

27

La ***ingravidez*** es la sensación de vacío cuando desciendes por una montaña rusa. ¿Verdadero o falso?

28

¿En qué se diferencian un ***cohete*** y un ***satélite***?

A El cohete es más ***rápido*** que el satélite.

B El cohete es para salir de la ***Tierra;*** el satélite gira alrededor de un planeta.

C Los cohetes son parte de los ***fuegos artificiales,*** pero los satélites, no.

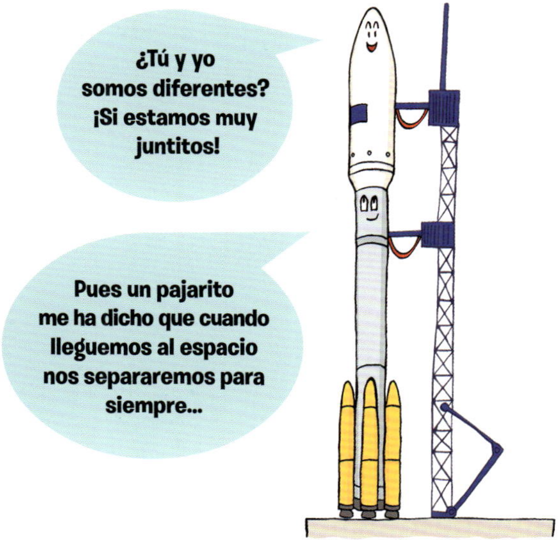

27

Es ***falso.***
La ingravidez es la ***inexistencia de gravedad.*** En la Tierra actúa siempre la fuerza de gravedad, que atrae a todos los cuerpos hacia la Tierra. Pero fuera de la Tierra, esta fuerza no existe; por eso los objetos y las personas flotan, porque no caen hacia ningún lugar.

28

Respuesta correcta: ***B.***
Un cohete es un ***vehículo*** que sirve para salir de la Tierra, para vencer su atracción, mientras que un satélite es un ***aparato*** que gira alrededor de la Tierra o de otro planeta. Los cohetes son mucho más grandes y a menudo llevan dentro satélites o astronautas.

29 ¿Es muy grande el ***Sol***?

30 ¿El Sol se ***mueve***?

A No. Es la ***Tierra*** la que gira alrededor Sol.

B ***Según los días,*** cambia de sitio.

C Sí, como todos los ***astros*** del cielo.

29 El Sol es una ***estrella pequeña*** si la comparamos con otras de la Vía Láctea, pero es muchísimo más grande que nuestro planeta: ¡hasta un millón de veces más grande que la Tierra!

30 Respuesta correcta: ***C.***
El Sol gira sobre sí mismo y también alrededor del centro de la ***Vía Láctea.*** Para completar este segundo movimiento tarda... ¡200 millones de años!

31

¿Cuáles fueron los primeros ***seres vivos*** que fueron al espacio?

A Los ***pájaros,*** claro.

B Las ***moscas,*** que están en todas partes.

C Una ***perrita.***

32

¿Por qué se enviaron ***monos*** al espacio?

31 Respuesta correcta: ***B.***
¡Fueron unas ***moscas!*** En el año 1947 los estadounidenses las enviaron en un cohete que alcanzó los 100 km de altitud. Las moscas volvieron a la Tierra sanas y salvas. Una perrita, la famosa ***Laika,*** fue al espacio en 1957, pero falleció.

32 Porque los monos ***se parecen mucho a los humanos.*** Antes de enviar a personas al espacio se enviaron monos para comprobar si estos viajes eran peligrosos y cómo afectaban a sus cuerpos. Cuando se vio que no existía peligro, se envió a personas.

33

¿A qué parte del cuerpo afecta la ***tuberculosis***?

A Al ***estómago.***

B Al ***cerebro.***

C A los ***pulmones.***

34

El ***tifus*** es una enfermedad habitual entre la gente que va muy aseada y huele a colonia. ¿Verdadero o falso?

33 Respuesta correcta: ***C.***
La tuberculosis es una ***enfermedad*** producida por unos organismos microscópicos, llamados bacterias, que ataca a los pulmones. Apareció con la domesticación del ganado hace 8000 años. Se consideró incurable hasta que se descubrieron los antibióticos.

34 Es ***falso.***
La causa una bacteria que portan los piojos, que aparece por ***falta de higiene.*** Cuando los piojos pican a una persona, esta se rasca y se hace una herida, por donde entran microbios en el cuerpo. El tifus es frecuente en las guerras y las catástrofes.

35

¿El **pan** se puede elaborar gracias a los microbios?

36

¿Hay microbios ***nocivos*** para la salud?

A No, ***todos son buenos*** para el organismo.

B Sí, hay microbios que ***transmiten enfermedades.***

C Tienen mala fama, pero ***no está demostrado*** que sean perjudiciales.

35 Sí, un microorganismo, la ***levadura,*** tiene un papel esencial cuando hacemos pan. El pan se elabora con una masa de harina de cereales, agua, sal y... ¡microbios! Sí, sí, a la masa se le añade levadura, un hongo microscópico que se alimenta de los azúcares de los cereales y libera dióxido de carbono, haciéndola más tierna.

36 Respuesta correcta: ***B.***
Un ***patógeno*** es un microbio capaz de causar una enfermedad a un huésped, que puede ser tanto animal como vegetal. Una manera muy habitual que tienen virus y bacterias nocivas de entrar en nuestro cuerpo y provocar enfermedades es a través de las heridas, por la boca, la nariz, etc.

37

¿Qué es una ***epidemia***?

38

¿Y una ***pandemia***?

A Una epidemia que afecta a ***buena parte del mundo.***

B Una enfermedad que solo afecta a los ***panaderos.***

C Una epidemia habitual entre los osos ***panda.***

37 Una epidemia es una enfermedad que se propaga ***entre un grupo concreto de población.*** Las epidemias se producen cuando aparece una enfermedad contagiosa que se propaga con rapidez entre la población que vive en un mismo lugar. Si afecta a un grupo reducido, como una escuela, se habla de un ***brote.***

38 Respuesta correcta: ***A.***
Se dice que hay una pandemia cuando una ***enfermedad contagiosa*** afecta a varios continentes. Es fácil que un brote se convierta en una pandemia debido a la enorme ***movilidad*** de la gente... y de los virus que transportan.

39

¿Los microbios se ***cultivan***?

A De ninguna manera, ***sería peligroso.***

B No, viven en ***granjas,*** como el ganado.

C Sí, lo hacen los ***científicos.***

40

¿Los ***mosquitos*** nos infectan de microbios?

39 Respuesta correcta: ***C.***
Los científicos cultivan microbios, para ***investigar*** o para ***producir medicamentos.*** Los microbios se cultivan en un medio líquido o bien se siembran en un sustrato sólido que se ha extendido en una ***placa de Petri,*** un recipiente redondo y transparente con una tapa.

40 Sí, los mosquitos y los insectos que se alimentan de sangre. Los mosquitos, las chinches, las garrapatas o las pulgas, que se alimentan de sangre, son importantes ***transmisores de microbios*** que provocan enfermedades. ¿Sabías que los mosquitos son los animales que provocan más muertes? ¡Más de 750 000 al año!

41

Los ***antibióticos*** son un tipo de microbios. ¿Verdadero o falso?

42

¿Las ***vacunas*** tienen algo que ver con los microbios?

41 Es ***falso.***
Los microbios son seres vivos; los antibióticos, no, ya que son ***sustancias químicas*** producidas por un organismo o creadas artificialmente en un laboratorio con el objetivo de matar o impedir el crecimiento de microorganismos perjudiciales para los humanos.

42 Sí, la mayoría de las vacunas se elaboran a partir de ***microbios.*** Las vacunas, casi siempre, se fabrican a partir de formas debilitadas o muertas del microbio causante de una enfermedad. Así, el sistema inmunitario lo identifica como una amenaza y fabrica ***anticuerpos*** contra la enfermedad antes que esta ataque al organismo.

43

¿Qué es el ***mar de los Sargazos***?

A No es un mar, es una zona de la comarca de los ***Monegros,*** en Aragón.

B Es un área del ***Atlántico.***

C Se conoce así a la desembocadura del ***Amazonas.***

44

¿Las ***aves de la selva*** tienen tantos colores para hacer más vistoso el paisaje ecuatorial?

43 Respuesta correcta: ***B.***
Es una ***sección del Atlántico,*** al este del Caribe. Se trata de una zona peculiar, con poca influencia del viento y de las corrientes marinas, y por eso en sus aguas tranquilas se acumulan algas y plancton, por lo que parece cubierto de vegetación.

44 No. Las aves más coloreadas son los ***machos,*** y son así para atraer a las hembras. Esto favorece la reproducción de las especies.

45 ¿Los microbios viven por toda la ***Tierra***?

46 ¿Hay microbios en otros ***planetas***?

A Sí, ***son una plaga*** de la que no se libra nadie.

B No, es ***imposible*** que vivan fuera de la Tierra.

C Por ahora, ***no se han encontrado.***

45 Casi. Desde que aparecieron las primeras formas de vida hace unos 3600 millones de años, se han adaptado a ***cualquier ambiente,*** con la excepción de las zonas más extremas, donde el agua hierve o está siempre helada.

46 Respuesta correcta: ***C.***
Se ha discutido mucho sobre si podría haber en Venus, pero las temperaturas de más de 450 ºC del planeta lo impiden. También en Marte podría haber, si se confirma que hay ***agua líquida,*** necesaria para la vida. No se puede descartar que se hallen en algún lugar del universo.

47

¿Cuándo ***se descubrió*** la existencia de los microbios?

A En la antigua ***Grecia.***

B Fueron los ***romanos.***

C En el siglo XVII, por parte de un ***científico europeo.***

48

Hay algún tipo de microbio que sea ***inteligente***?

47

Respuesta correcta: ***C.***
En el año 1676, un científico holandés, ***Anton van Leeuwenhoek,*** descubrió la existencia de los microbios, gracias a un microscopio que inventó él mismo. Los llamó animálculos. Hoy en día está considerado el padre de la microbiología.

48

No, ninguno es inteligente. Los microbios, ni se pueden considerar animales ni tienen ***cerebro*** como el de los animales que conoces. Solo disponen de mecanismos que les sirven para detectar sustancias. Por ejemplo, se acercan o alejan de lugares que tienen una elevada concentración de una determinada sustancia.

49 ¿Qué es la ***pasteurización***?

A Es una técnica que ***elimina los microbios*** nocivos de la leche y de otros alimentos.

B Es una ***técnica para adelgazar*** que elimina las grasas de los alimentos.

C Es una técnica francesa para disponer las vacas lecheras en los ***pastos*** de las montañas.

50 ***Alexander Fleming*** inventó el primer aparato de rayos X. ¿Verdadero o falso?

49 Respuesta correcta: ***A.***
La pasteurización es una técnica desarrollada por el químico y bacteriólogo francés ***Louis Pasteur*** (1822-1895) que consiste en someter un líquido (como la leche) a altas temperaturas durante unos segundos con el objetivo de eliminar los microbios sin alterar sus propiedades.

50 Es ***falso.***
Fleming fue un médico escocés (1881-1955) galardonado con el premio Nobel de Medicina por haber descubierto la ***penicilina.*** La penicilina es un antibiótico que consigue destruir las bacterias que producen infecciones y que antes de su uso eran mortales.

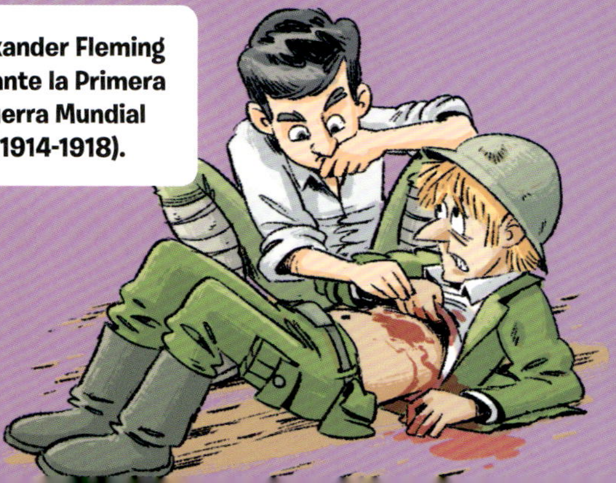

Alexander Fleming durante la Primera Guerra Mundial (1914-1918).

51

¿Que es la ***COVID-19***?

52

¿Cuándo tuvo lugar la ***primera gran epidemia*** conocida?

A En la Edad Media, y se conoce como la ***peste negra.***

B En la prehistoria, y se conoce como la ***fiebre de las pinturas rupestres.***

C En la antigua Grecia, en Atenas, y se trató de una epidemia de ***fiebre tifoidea.***

51 La COVID-19 es una ***enfermedad infecciosa*** provocada por un virus. Surgió en el año 2019 en la ciudad china de Wuhan y se propagó por todo el mundo como una pandemia. La adopción de varias medidas, como el confinamiento de la población, la higiene y un programa de vacunación permitieron volver a la normalidad.

52 Respuesta correcta: ***C.***
La primera epidemia conocida fue de ***fiebre tifoidea*** y ocurrió en el año 430 a. C. en Atenas, una ciudad muy poblada y asediada por el ejército de Esparta. Falleció un tercio de la población.

53 ¿Qué significa ***guerra bacteriológica***?

A Es una guerra entre empresas ***farmacéuticas*** que utilizan bacterias.

B Es una guerra en la que se emplean virus y bacterias como ***armas.***

C Es el uso intensivo de lejía y otros productos para desinfectar el ***váter.***

54 Soy un insecticida y mi nombre es

dicloro-difenil-tricloroetano.
Ya que es tan difícil, normalmente se escribe con tres letras. ¿Cuáles?

53 Respuesta correcta: ***B.***
Su uso está prohibido, pero los ***ejércitos*** de muchos países disponen de armas bacteriológicas. El primer caso documentado se remonta al año 1200 a. C., cuando los hititas introdujeron enfermos de peste entre sus enemigos.

54 ***DDT,*** sigla con que se conoce este insecticida, descubierto por el químico suizo Paul Hermann Müller (1899-1965). Fue muy utilizado para matar insectos transmisores de enfermedades, como la malaria, el tifus o la fiebre amarilla, hasta que se descubrió que contaminaba los alimentos con mucha facilidad y se prohibió su uso.

55

El ***ácido desoxirribonucleico*** es una molécula que contiene la información necesaria para la vida de los organismos. ¿Cuál es su abreviatura?

A ***ACI.***

B ***ADRN.***

C ***ADN.***

56

El descubrimiento de esta molécula, ¿fue obra de ***diversos científicos***? ¿O siempre tiene que haber solo uno, como Pasteur o Fleming?

55 Respuesta correcta: ***C.***
El ADN aporta la ***información genética*** adecuada para que cada individuo pueda desarrollarse según las características de su especie y, a la vez, como individuo. ¡Por esto no hay dos ADN iguales!

56 Sí, su descubrimiento fue el trabajo conjunto de diversos científicos. James Watson y Francis Crick trabajaron con modelos en tres dimensiones, y Maurice Wilkins y Rosalind Franklin radiografiaron el ADN. Los tres primeros recibieron el premio Nobel en 1962. ¡Viva el ***trabajo en equipo!***

57

¿Qué es el ***ébola***?

A Una pelota ***virtual*** que se utiliza en los videojuegos.

B Un sinónimo de ***rubeola,*** una enfermedad como el sarampión.

C Una ***enfermedad vírica*** que se transmite a través de los fluidos.

58

Cuando vas al dentista, a menudo es porque tienes ***caries.*** ¿Pero sabes qué significa esta palabra?

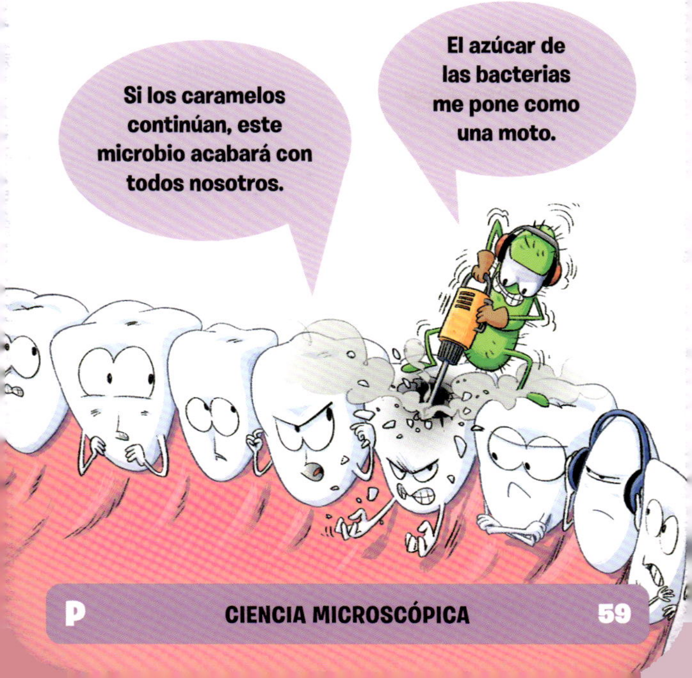

57

Respuesta correcta: ***C.***
Detectada por primera vez en 1976 en África, el ébola provoca ***fiebres hemorrágicas*** y la mayoría de veces es mortal. Se cree que el virus pasó a los humanos por el consumo de carne de animales enfermos, sobre todo murciélagos y monos.

58

Una caries es una lesión de la superficie de un ***diente.*** Está provocada por el ácido liberado por bacterias que se alimentan de azúcar. Si no se trata a tiempo, el diente puede llegar a caer.

59

¿Los microbios
se ***comen***?

En los ***yogures*** hay microbios?

A No, solo hay ***leche.***

B Sí, podemos decir que
los «cocinan» las ***bacterias.***

C No, excepto en los
que contienen ***bífidus.***

60

59 Sí, cada día comemos millones a través de los ***alimentos.*** En ningún restaurante encontrarás un plato de microbios, pero los comemos en todas las comidas, porque hay en todos los alimentos: la carne, el pescado, los vegetales... ¡Buen provecho!

60 Respuesta correcta: ***B.***
El yogur es un alimento que se atribuye a los pueblos nómadas ganaderos de la zona de Turquía, que producían mucha leche que, con el calor y la presencia de bacterias, ***fermentaba*** hasta convertirse en una sustancia pastosa: el yogur.

Nuestro ***cuerpo*** necesita microbios para vivir. ¿Verdadero o falso?

61

62

¿Hace mucho tiempo que ***existen*** los microbios?

A No, los inventó un científico, en el año ***1854.***

B Sí, desde la aparición de los dinosaurios, hace ***240 millones*** de años.

C Sí, desde que hay seres vivos en la Tierra, hace ***3600 millones*** de años.

61 Es ***verdadero.***
Una persona adulta tiene ***dos kilos*** de bacterias. La mayoría se concentran en el aparato digestivo, donde forman la flora microbiana, que nos ayuda a digerir los alimentos. Los microbios producen vitaminas y nos defienden de otros microbios.

62 Respuesta correcta: ***C.***
¡Se puede afirmar que fueron los ***primeros habitantes*** de la Tierra! Cuando la Tierra se formó, hace unos 4600 millones de años, era una masa incandescente. Pero al enfriarse, se crearon los primeros mares, una atmosfera y los primeros seres vivos: los microbios... ¡Hace 3600 millones de años!

63

El ***microondas*** calienta gracias a la presencia de unas ondas que hacen vibrar la comida. ¿Verdadero o falso?

64

Capturo energía de los rayos del sol para producir electricidad o calentar agua. ¿Quién soy?

63 Es ***verdadero.***
Por la acción de las ***microondas,*** que hacen vibrar las moléculas, los alimentos se calientan. Las microondas son ondas que existen en todo el universo y actúan sobre las moléculas, las partes más pequeñas de una sustancia, calentándolas.

64 Soy una ***placa solar,*** un dispositivo que captura energía de los rayos del sol para producir y almacenar electricidad o tener agua caliente. Así podemos utilizar esta energía natural y limpia.

65 ¿Por qué la ***plancha*** expulsa vapor?

A Porque cuando se calienta se enfada mucho y ***suda,*** y así se enfría por dentro.

B Porque, con el vapor de agua, la ropa queda sin ***arrugas.***

C Porque la alta temperatura hace que la electricidad se convierta en ***agua.***

¡Me enfado mucho con tanto calor!

66

¿Cómo funciona la ***radio*** sin cables?

A No es verdad, ***siempre lleva un cable.*** Se enchufa, recibe electricidad y funciona.

B Porque capta las ***ondas electromagnéticas*** que atraviesan el espacio.

C Funciona sin hilos porque los ***programas están grabados*** dentro del aparato.

65 Respuesta correcta: ***B.***
Cuando se enchufa la plancha, el agua, que se encuentra en un depósito interno del aparato, se calienta tanto que se convierte en vapor de agua, que ***suaviza la ropa,*** y así se puede planchar mejor, más rápido y sin arrugas (o con muy pocas...).

66 Respuesta correcta: ***B.***
En el aire, las ondas electromagnéticas, que se emiten desde los estudios de radiodifusión, son ***oscilantes,*** pero cuando llegan a los aparatos se convierten en palabras, música y canciones.

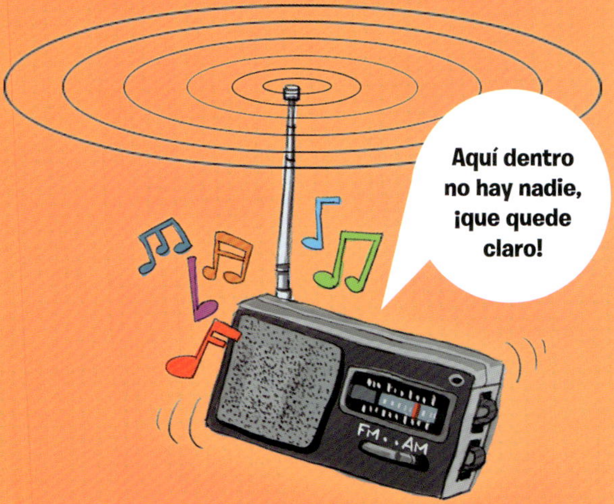

67

¿De qué material se fabrican las ***sartenes*** y las ***cacerolas***?

A De ***plástico.***

B De ***huesos*** de animal estabulado.

C De ***metal*** o ***cerámica.***

68

Pero los ***mangos*** son distintos, ¿no?

67 Respuesta correcta: ***C.***
La mayoría se fabrica en ***metal, cerámica o barro*** porque estos materiales transmiten el calor con mucha facilidad y lo distribuyen por toda la superficie. Esto las hace muy útiles para cocinar, ya que son materiales que se calientan rápidamente.

68 Sí, para no quemarnos. Normalmente son de ***madera*** o ***plástico,*** unos materiales que no transmiten el calor. Si los mangos de las sartenes fuesen de metal, te quemarías al cogerlos.

69 ¿Por qué nos vemos en los ***espejos***?

A Por la manera en que reflejan los ***rayos*** de luz.

B Porque hay un ***mundo idéntico*** al nuestro en el otro lado del espejo.

C Las imágenes de un espejo son ***imaginaciones,*** no son reales.

¿Por qué se ***empañan*** los espejos? 70

69 Respuesta correcta: ***A.***
Los ***espejos*** son superficies muy rectas y lisas en las que los rayos de luz inciden de la misma manera como han llegado, aunque tu derecha es en el espejo tu izquierda. Pero atención: si el espejo no es liso, ¡deforma las figuras!

70 Por los ***cambios de temperatura del agua.*** Cuando te duchas con agua caliente se forma vapor, es decir, el aire se llena de pequeñas partículas de agua caliente. Al tocar el espejo, estas ***gotas*** diminutas se enfrían y crean una fina capa de agua sobre su superficie. Se ha empañado.

71

Los agujeros de los ***enchufes*** siempre son redondos. ¿Verdadero o falso?

72

Qué ***agua*** va mejor para planchar?

A Agua ***destilada.***

B Agua ***clorada.***

C Agua ***bicarbonatada.***

71 Es ***falso.***
Existen más de quince clases de enchufes distintos en todo el mundo; los hay ***redondos*** y también ***planos.*** En Europa son redondos, pero si viajas a otros lugares del mundo no olvides llevar un adaptador. Si no es así, ¡no podrás enchufar nada!

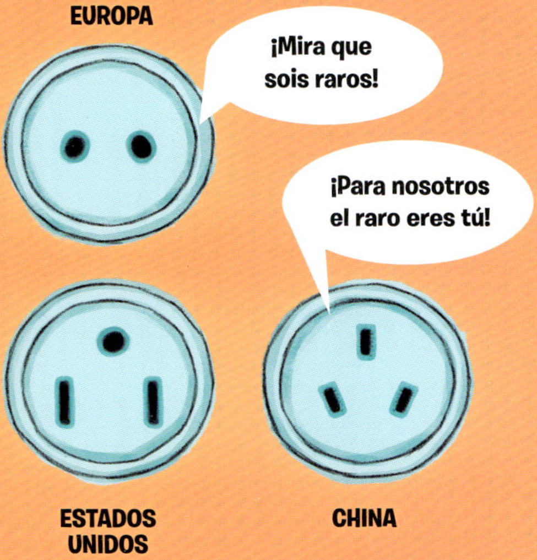

72 Respuesta correcta: ***A.***
El agua destilada, es ***agua pura,*** sin minerales. Al no contener minerales, tampoco tiene sabor, y no es buena para beber, pero es ideal para planchar, ya que los minerales pueden estropear la plancha.

73

¿Cuántas ***operaciones*** aritméticas básicas hay?

A Dos: la ***suma*** y la ***resta.***

B Cuatro: la suma, la resta, la ***multiplicación*** y la ***división.***

C Seis: la suma, la resta, la multiplicación, la división, la ***raíz cuadrada*** y el ***porcentaje.***

74

Una ***potenciación*** es cuando un resfriado se agrava y pasa a ser un catarro. ¿Verdadero o falso?

73

Respuesta correcta: ***B.***

Las matemáticas tienen ***cuatro*** operaciones aritméticas básicas: ***la suma, la resta, la multiplicación y la división.*** Si hay varias operaciones en un mismo cálculo se trata de una operación combinada.

74

Es ***falso.***

Es una ***operación matemática*** que consiste en multiplicar un número por él mismo. En una fábrica de pañuelos se colocan 10 pañuelos en cada paquete; 10 paquetes en cada caja; embalajes con 10 cajas y llenan una camioneta con 10 embalajes. En total, 10^4 (10 elevado a la cuarta potencia) = ¡10 000 pañuelos!

75

¿Qué es el número ***pi***?

A La división entre la longitud de una ***circunferencia*** y su diámetro.

B Un número que se utiliza mucho para ***medir*** troncos de pino.

C La mitad de la orina analizada en un ***laboratorio.***

76

Fue un famoso matemático de la ***antigua Grecia.*** ¿Cómo se llamaba?

A ***Pericles.***

B ***Pitágoras.***

C ***Pintagorras.***

75 Respuesta correcta: ***A.***
Pi, π, es el ***número más famoso*** de las matemáticas. No encontrarás el número contando 1, 2, 3... Se obtiene haciendo la división entre la longitud de una circunferencia y su diámetro. El resultado, pi, no es exacto: tiene tantos decimales que llegan al infinito (3,1415926...).

76 Respuesta correcta: ***B.***
Pitágoras vivió hace 2500 años. Su aportación más conocida es el ***teorema de Pitágoras:*** el área de un cuadrado construido a partir del lado largo (la hipotenusa) de un triángulo rectángulo (que tiene un ángulo recto) es igual al área de los cuadrados construidos a partir de los lados cortos.

77

En la Tierra viven 800 millones de ***personas.*** ¿Verdadero o falso?

78

¿Qué es el ***Himno de la alegría***?

A El himno de ***Europa.***

B El himno de la ***ONU.***

C El himno de los ***Juegos Olímpicos.***

77 Es ***falso.***
¡Somos más de ***8000 millones!***
Oficialmente, el 15 de noviembre de 2022 se llegó a esa cifra, que no para de crecer. Los países con más habitantes son India y China.

78 Respuesta correcta: ***A.***
La melodía original es de ***Ludwig van Beethoven,*** y es parte de la ***Novena sinfonía.*** Desde 1972 es el himno de las instituciones europeas.

79

¿Por qué las tapas del alcantarillado son ***redondas***?

A Porque son más ***bonitas.***

B Porque son más ***simples de fabricar.***

C Por ***seguridad.***

80

¿Qué forma tienen los ***copos de nieve***?

A De ***estrella de Navidad.***

B De ***hoja de abeto.***

C De ***hexágono.***

79 Respuesta correcta: ***C.***
Son redondas porque la ***circunferencia*** es la única figura geométrica que no puede caer por el hueco que deja. Una tapa cuadrada o con cualquier otra figura geométrica caería por el agujero si se coloca en diagonal.

80 Respuesta correcta: ***C.***
Aunque no lo parezca, todos los copos de nieve tienen una forma ***hexagonal,*** es decir, de polígonos con seis lados. Esto es así porque es la estructura más eficiente de las moléculas de agua.

81 ¿Para qué sirven las ***matemáticas***?

A Para ***razonar,*** ayudar a pensar y resolver problemas.

B Para ***jugar*** a parchís, hacer sudokus, contar los goles del fútbol y algunas cosas más.

C Esto solo lo saben los ***matemáticos.***

82 Las ***matemáticas*** fueron inventadas por un filósofo de la antigua Grecia. ¿Verdadero o falso?

81

Respuesta correcta: ***A.***
Las matemáticas, que estudian las propiedades de los números y de las figuras geométricas, nos ayudan a razonar, a resolver problemas y a ***describir y entender el mundo*** en el que vivimos. Las otras ciencias (naturales, física, química, electrónica...) las utilizan y no podrían existir sin las matemáticas.

82

Es ***falso.***
Las matemáticas ***no son el invento*** de una persona. Es una herramienta para resolver necesidades. Hace miles de años se utilizaban para contar ganado o la cosecha. Desde entonces, cada pueblo ha hecho sus aportaciones: Babilonia, Grecia, Roma... y hasta hoy.

83 ¿Qué son los ***«números amigos»***?

A Son grupos de números ***sucesivos,*** y que, por tanto, están siempre juntos.

B Son dos números que se pueden relacionar a partir de sus ***divisores.***

¿Y los ***«números perfectos»***? ¿Existen o no existen? **84**

¿Cómo puedo saber cuántos ***tuits*** necesitamos para escribir el *Quijote*? **85**

83 Respuesta correcta: ***B.***
Se llaman números amigos si la suma de los ***divisores*** de un número, salvo él mismo, da el otro número, y al revés. (Un divisor es el número capaz de dividir con resultado exacto, sin decimales. Por ejemplo, 4 es divisor de 220, ya que el resultado es 55, y 8 no lo es porque es 27,5).

84 Sí que existen. Un número es perfecto cuando la ***suma de sus divisores,*** excepto él mismo, es igual al mismo número. Por ejemplo, los divisores de 6 son los números 1, 2, 3 y 6, y si los sumamos, excepto el 6, el resultado es 6. ¿Sabrías encontrar otro?

85 Pues haciendo ***cálculos matemáticos.*** El ***Quijote*** de Cervantes tiene unos 2 millones de caracteres. Un mensaje de la red social X tiene unos 150 caracteres, por lo tanto, serán necesarios más de 13000.

¿Cuánto vale un álbum de 250 ***cromos*** de fútbol, a 2 euros cada 10 cromos? **86**

87 ¿Qué es la ***probabilidad***?

A La posibilidad matemática de que ***a lo mejor llueva.***

B Una ***rama*** de las matemáticas.

88 ¿Es fácil o difícil que a tu madre le toque la ***lotería***?

86 Con una ***división*** y una ***multiplicación*** sabemos que el álbum nos costará 50 euros. Pero es muy probable que algunos cromos estén repetidos, o sea que tendrás que hacer intercambio con amigos si no quieres que te salga más caro.

87 Respuesta correcta: ***B.***
Esta rama se dedica a calcular si puede pasar ***un determinado acontecimiento,*** o si es muy habitual que se produzca. La probabilidad nació con los juegos de azar, muy populares en las civilizaciones de la antigüedad (Egipto, Grecia o Roma).

88 La probabilidad de que a tu madre le toque la lotería de Navidad es 1 entre 100000. Viendo este dato, es ***dificilísimo*** que tu madre pueda celebrar que le ha tocado la lotería.

89

¿Qué es una ***raíz cuadrada***?

A Una ***curiosidad vegetal.***

B Una ***operación matemática.***

C Una ***táctica del fútbol.***

90

Mira bien la columna de resultados de la ***tabla del 9.*** ¿Observas algunas curiosidades?

91

¿Cómo ***expresar*** 4+4+4+4+4 de una manera más sencilla?

89 Respuesta correcta: ***B.***
Es una ***operación matemática*** que permite, de un número, obtener cuál es el número que multiplicado por él mismo da el número inicial. Por ejemplo: el 9 es el resultado de multiplicar 3 por 3, por lo tanto, la raíz cuadrada de 9 es 3. Pruébalo con la tecla de la calculadora que tiene el símbolo √. Y no lo pruebes con un número negativo: ¡la calculadora te dirá «error»!

90 Si sumas las cifras de los resultados, ***siempre da 9.*** Si observas la cifra de las decenas, aumenta, empieza con 0 y acaba con el 9, mientras que la de las unidades hace todo lo contrario.

91 Con una ***multiplicación,*** ¡claro! Es decir que 4+4+4+4+4 es cinco veces 4, que se puede expresar 4x5. El resultado es 20.

92

¿Es grave que se queme un ***bosque***?

A No, enseguida ***vuelve a crecer.***

B Sí, los bosques ***tardan mucho en regenerarse.***

C No, en muchos países hay un ***exceso de bosques.***

93

Las ***mareas negras*** ocurren de noche. ¿Verdadero o falso?

94

¿Podemos vivir ***sin generar residuos***?

92 Respuesta correcta: ***B.***
Un bosque, tan necesario por el oxígeno que produce, tarda mucho en formarse, porque el ***ecosistema*** se crea lentamente. Cuando se produce un incendio, todo se pierde.

93 Es ***falso.***
Las mareas negras son ***vertidos de petróleo*** al mar. Pueden producirse de día o de noche y perjudican mucho al entorno natural.

94 Es ***muy difícil,*** pero podemos reducir residuos con una compra responsable, evitando los ***envases de un solo uso.***

95

¿Cuánto tiempo hace que existe la ***televisión***?

A Un ***siglo.***

B 50 ***años.***

C 10 ***meses.***

96

La bombilla la inventó un señor llamado ***Marconi.*** ¿Verdadero o falso?

97

¿Cómo se escribía antes de inventarse la ***tinta***?

95 Respuesta correcta: ***A.***
La respuesta que se acerca más es el ***siglo.*** La primera emisión de televisión tuvo lugar en Londres en el año 1926. Pero las emisiones regulares no se iniciaron hasta 1936 en Gran Bretaña.

96 Es ***falso.***
La bombilla la inventó un estadounidense llamado ***Edison*** (Thomas Alva Edison). Al italiano Guglielmo Marconi se le atribuye la invención de la radio.

97 Los primeros escritos se hacían con ***signos grabados sobre tablillas*** de barro o sobre piedra, huesos, madera, marfil... Después se utilizaron líquidos a base de productos naturales, como sangre, flores y plantas. Hace 2400 años los chinos inventaron la tinta.

98 ¿Los romanos tenían ***neveras***?

A Sí, había ***en todas las casas,*** pero en la Edad Media se dejaron de utilizar.

B Tenían, pero ***eran diferentes a las de ahora*** y no había en las casas.

C ***No tenían,*** es un invento moderno.

99 Lo que tenían los romanos eran ***grifos.*** ¿Verdadero o falso?

100 Una casa, ¿puede ser ***inteligente***?

98 Respuesta correcta: ***B.***
Tenían neveras, que eran ***pozos*** donde guardaban nieve durante el invierno. Cubrían la nieve de paja y conseguían que no se fundiera demasiado. Así conservaban los alimentos frescos... ¡o hacían helados!

99 Es ***verdadero.***
Fueron los primeros en ***cerrar el paso*** del agua de los caños cuando no querían agua. Estos dispositivos se adornaban con un ave mitológica, el ***gryhpus,*** de donde procede la palabra grifo.

100 Pues sí, algunas lo son. Es una casa diseñada para poder, por medio de aparatos electrónicos a distancia, ***controlar*** sus electrodomésticos, la calefacción, etc.